Andere

Schmerle
Bachschmerle, Barbatula barbatula

Wels
Silurus glanis

Quappe
Lota lota

Hecht
Esox lucius

Zwergstichling
Pungitius pungitius

Dreistachliger Stichling
Gasterosteus aculeatus

Schlammpeitzger
Misgurnus fossilis

Sterlet
Acipenser ruthenus

AF830216

Süßwasser-fische

im Vergleich

QUELLE & MEYER
BESTIMMUNGSKARTEN

Karpfenfische (Cyprinidae)

Aitel
Squalius cephalus

Aland
Leuciscus idus

Hasel
Leuciscus leuciscus

Gründling
Gobio gobio

Brachse
Abramis brama

Güster
Blicca bjoerkna

Barbe
Barbus barbus

Karausche
Carassius carassius

Bitterling
Rhodeus amarus

Schlei
Tinca tinca

Karpfen
Cyprinus carpio

Giebel
Carassius gibelio

Frauennerfling
Rutilus pigus

Laube
Alburnus alburnus

Nase
Chondrostoma nasus

Schied
Leuciscus aspius

Rotauge
Rutilus rutilus

Rotfeder
Scardinius erythrophthalmus

Elritze
Phoxinus phoxinus

Schneider
Alburnoides bipunctatus

Strömer
Telestes souffia

Graskarpfen
Ctenopharyngodon idella

Zährte
Vimba vimba

Bachforelle
Salmo trutta fario

Lachsfische (Salmonidae)

Huchen
Hucho hucho

Äsche
Thymallus thymallus

Seesaibling
Salvelinus alpinus

Renke
Coregonus spec

Regenbogenforelle
Oncorhynchus mykiss

Zingel
Zingel zingel

Atlantischer Lachs
Salmo salar

Streber
Zingel streber

Nase *Chondrostoma nasus*

© Quelle & Meyer Verlag GmbH & Co.
www.quelle-meyer.de

Alle Rechte vorbehalten.

alle Bilder: Andreas Hartl

Coverbilder: o. li.: Elritze; o. r.: Zander; u. li.: Mühlkoppe

Projektberatung und Zusammenstellung: Andreas Hartl

Druck und Verarbeitung: Zimmermann Druck + Verlag GmbH

Weiterführende Literatur:
Die Süßwasserfische Mitteleuropas (ISBN 978-3-494-01852-2)

ISBN 978-3-494-01889-8
Best.-Nr.: 494-01889

9 783494 018898

QUELLE & MEYER
BESTIMMUNGSKARTEN

Echte Barsche (Percidae)

Flussbarsch
Perca fluviatilis

Schrätzer
Gymnocephalus schraetser

Donaukaulbarsch
Gymnocephalus baloni

Mühlkoppe
Cottus gobio

Kaulbarsch
Gymnocephalus cernua

Aal
Anguilla anguilla

Zander
Sander lucioperca

Steinbeißer
Cobitis taenia